Rajan Singh

ESTIMATIVA DA REPETIBILIDADE DE CRUZAMENTOS JERSEY * RED SINDHI

Rajan Singh

ESTIMATIVA DA REPETIBILIDADE DE CRUZAMENTOS JERSEY * RED SINDHI

Caraterísticas reprodutivas de cruzamentos Jersey X Red Sindhi

ScienciaScripts

Cover image: www.ingimage.com

This book is a translation from the original published under ISBN 978-620-8-01306-6.

Publisher:
Sciencia Scripts
is a trademark of
Dodo Books Indian Ocean Ltd. and OmniScriptum S.R.L publishing group

120 High Road, East Finchley, London, N2 9ED, United Kingdom
Str. Armeneasca 28/1, office 1, Chisinau MD-2012, Republic of Moldova, Europe
Printed at: see last page
ISBN: 978-620-8-11006-2

RECONHECIMENTO

Antes de mais, permitam-me que agradeça a Deus todo-poderoso, fonte de toda a sabedoria e conhecimento, que me inspirou, que me abençoou e me deu força para apresentar o meu modesto esforço sob a forma desta tese

Não consigo encontrar palavras adequadas para exprimir o meu mais profundo sentimento de gratidão para com o meu pai ***Gaya Singh, a minha mãe Ganga Singh e*** *o meu* ***irmão*** *mais velho* ***Ankush Singh****, que se sacrificaram verdadeiramente pelo meu desenvolvimento e sucesso.*

É, de facto, com imenso prazer que exprimo a minha mais sincera e sentida gratidão ao meu orientador, ***o Dr. Ram Pal Singh,*** *Professor Assistente do Departamento de Zootecnia e Lacticínios do Naini Agriculture Institute SHUATS, pela sua incansável orientação, sugestões positivas e dedicação pessoal, que me permitiram concluir este estudo, sem o que a própria existência deste trabalho de tese teria sido impossível.*

Uma pessoa amigável, com um coração magnânimo, que trata todos os estudantes de forma igual, é assim que reverencio o meu presidente, ***Dr. (Sra.) Sasya Nagar****, Professor Assistente, Departamento de Ciências Biológicas, SHUATS, Prayagraj. Agradeço infinitamente a sua orientação e supervisão constante.*

Os meus mais profundos e sinceros agradecimentos ao meu co-orientador, ***Prof. (Dr.) Neeraj,*** *Professor e Diretor do Departamento de Criação de Animais e Lacticínios, SHUATS, Prayagraj, pelo seu apoio ativo, ajuda, sugestões úteis e encorajamento.*

É com grande prazer que exprimo os meus sinceros agradecimentos aos membros do comité consultivo, ***Dr. Ramesh Pandey,*** *Professor Associado, Department of*

Animal Husbandry and Dairying, Naini Agriculture Institute, SHUATS, Prayagraj e **Dr. (Mrs.) Bipasha David** Assistant Professor, Department of Animal Husbandry and Dairying, SHUATS, Prayagraj, Associate Professor, Department of Animal Husbandry and Dairying, Naini Agriculture Institute, SHUATS, Prayagraj, pelas suas valiosas sugestões e pelo seu contínuo encorajamento ao longo do estudo.

Estendo a minha profunda gratidão a todos os meus melhores amigos, especialmente a **Rahul Singh, Sudheer Kuswaha, Amit Kumar, Pragya Chauhan, Himanshi Singh, Neha Singh, Satrupa Singh, Anita Mam e** ao **Dr. Upendra Nath Singh**, Diretor do Colégio RBS, Campus de Bichpuri, Agra, cujo constante encorajamento, apoio moral e emocional prestado ao longo da minha educação me deixará em dívida durante toda a minha vida.

Agradeço a todos os meus colegas de turma, em especial a **Nicky, Amratan Gautam, Guarav Ugale, Arjun lal Kakraliya e Ambuj**, por terem disponibilizado o seu precioso tempo, sugestões valiosas e ajuda na resolução de problemas sempre que necessário e que se depararam com eles. Gostaria de estender os meus sinceros e sentidos agradecimentos a todos os meus colegas de grupo.

Agradeço a todos os meus irmãos e irmãs, especialmente aos meus irmãos mais velhos **Ankush Singh, Anil Singh, Rahul Singh, Suneel Singh e** às **minhas adoráveis irmãs Maneesha Singh e Ratna Singh** pelo seu apoio e ajuda persistente, sem os quais não teria sido possível concluir este trabalho.

Agradecer a todas as pessoas e pedir-lhes votos para o meu futuro.

Local: Prayagraj
Data:

RAJAN SINGH
PID N.º 19MSAAGB002

ÍNDICE

ESTIMATIVA DA REPETIBILIDADE DE CERTOS TRAÇOS REPRODUTIVOS EM VÁRIOS GRAUS DE CRUZAMENTOS JERSEY X SINDHI VERMELHO MANTIDOS NA SHUATS DAIRY FARM, PRAYAGRAJ, UTTAR PRADESH

ID do correio eletrónico - rajan.gangasingh@gmail.com

Capítulo I: RESUMO

A fim de aumentar a rentabilidade dos bovinos leiteiros cruzados, é necessário compreender os factores que afectam a sua reprodução. Assim, o objetivo deste estudo foi elucidar a **"ESTIMAÇÃO DA REPETIBILIDADE DE CERTOS TRAÇOS REPRODUTIVOS EM VÁRIOS GRAUS DE CRUZADOS JERSEY X RED SINDHI MANTIDOS NA EXPLORAÇÃO LEITEIRA DE SHUATS, PRAYAGRAJ, UTTAR PRADESH".** Foram analisados 66 registos do Department of Animal Husbandry and Dairying, Sam Higginbottum University of Agriculture, Technology and Sciences, do ano de 1935-1975. Os animais foram criados e tratados por pessoal qualificado em condições de alimentação e maneio semelhantes. As caraterísticas reprodutivas estudadas foram o Período de Serviço (PS), o Período Seco (PD), o Intervalo de Parto (IC) e os Dias - Abertos. (O período de serviço e o período seco tiveram baixa repetibilidade (0,35±0,33, 0,37±0,09).

Observou-se uma repetibilidade altamente significativa para os dias abertos, moderada para o intervalo de partos, enquanto o período seco e o período de cobrição registaram uma repetibilidade baixa.

Palavras chave: **Repetibilidade, Intervalo entre Partos, Período de Serviço, Período Seco, Dias de Abertura, Estações, Caraterísticas Reprodutivas, Duração da Lactação, Estimativa.**

Capítulo II

INTRODUÇÃO

A Índia possui a maior população de gado do mundo. A Índia ocupa o segundo lugar entre as nações produtoras de leite do mundo desde 2017. A produção de leite na Índia durante o período 2018-2019 foi de 187,7 milhões de toneladas. A disponibilidade per capita de leite no país, que era de 130 gramas por dia em 1950-51, aumentou para 374 gramas por dia em 2017-18, em comparação com o consumo médio mundial estimado de 294 gramas por dia em 2017. Este facto representa um crescimento sustentado da disponibilidade de leite e produtos lácteos para a nossa população em crescimento, mas a produção média de leite por animal é muito baixa em comparação com os países avançados. Uma indústria leiteira sustentável exige o desenvolvimento de vacas e búfalos de alto rendimento, não só para satisfazer a procura e o fornecimento de leite à população. O cruzamento de bovinos autóctones com raças exóticas de elevado rendimento surgiu como uma estratégia eficaz e adequada para aumentar a produção de leite. A investigação sobre cruzamentos em todo o mundo, particularmente nos países tropicais, mostrou que o desempenho dos animais F1 é o melhor no que diz respeito a várias caraterísticas produtivas e reprodutivas. No entanto, a avaliação do desempenho reprodutivo depende de muitos parâmetros para avaliar o desempenho global do animal leiteiro. Os estudos sobre o desempenho reprodutivo dos animais cruzados da raça Jersey são muito limitados e restringem-se apenas a certas zonas do norte e do oeste do país.

O trabalho de cruzamento começou na Índia já em 1875, perto de Patna, utilizando um touro Shorthorn em vacas locais, tendo-se formado a raça de gado "Taylor" **(Sinha, 1951)**. A produção média de leite é de 5-6 litros/dia. Estes animais são de cor preta, cinzenta ou vermelha. Entre 1910 e 1932, foram iniciados trabalhos de cruzamento em linhas mais científicas no Imperial Dairy Research Institute de Bangalore, no Agricultural Institute de Pusa, na Livestock Research Station de Hosur e na Military Dairy Farms de Allahabad. No Instituto Agrícola de Allahabad, entre 1924 e 1934, foi iniciado o trabalho de cruzamento de raças autóctones, como as vacas Sahiwal, Gir, Hariana, Kankrej e Red Sindhi, com raças exóticas, como as Holstein Friesian, Jersey e Brown Swiss. A partir de 1934, o trabalho de cruzamento limitou-se a Red Sindhi e Jersey com heranças de 3/8 a 5/8 de Jersey e foi desenvolvida uma nova raça de gado "Jersindh". Em Bengaluru, as vacas Tharparkar foram cruzadas com touros Jersey e foi desenvolvida uma nova raça de gado "Jerthar" . Em 1963, o projeto bilateral Indo-Suíço, agora denominado Kerala Livestock Development Board (KLDB), foi iniciado em Kerala, utilizando Brown Swiss e Jersey (5/8) em vacas locais não descritas, tendo sido desenvolvida uma nova raça de gado "Sunandini". A Sunandini é uma raça polivalente para leite, tração e carne, estando agora a tornar-se exclusivamente uma raça leiteira **(Chacko, 1994).** A produção total de leite durante a lactação é de 2435 kg em 280 dias, com 3,89 % de gordura. Em 1963, no NDRI, em Karnal, foi iniciado o cruzamento de Sahiwal e Red Sindhi com Brown Swiss para criar uma nova raça leiteira. A raça suíça castanha é famosa pela sua elevada produção leiteira, tendo sido formados vários grupos de cruzamentos que não tinham revelado uma heterose significativa para a produção leiteira. Todos os vários grupos de cruzamentos foram fundidos e procedeu-se à reprodução selectiva. A herança do Pardo-Suíço variou entre 50-75 % e o resto do gado Sahiwal foi o melhor grupo de cruzamento seguinte **(Thiagarajan, 2014).** A criação de uma população sintética após a seleção deu origem a uma nova raça de gado "Karan Swiss" em 1980. As fêmeas cruzadas de alta produção produzem 5000 a 6000 kg de leite com 4,78% de gordura butírica durante a lactação. A raça Karan Swiss é geralmente de cor cinzenta clara a castanha escura. Em 1971, no NDRI de Karnal, foi utilizado sémen de touros Holstein Frísia, Jersey e Pardo-Suíço em vacas Tharparkar. A herança Holstein Frísia variou entre 50-62,5 % e o resto de Tharparkar foi o segundo melhor grupo cruzado **(Thiagarajan, 2014).** A criação de uma população sintética após a seleção resultou numa nova raça de gado "Karan Fries". A cor do Karan Fries é predominantemente de manchas pretas e por vezes é completamente escura com manchas brancas na testa e na cauda. A produção média de leite na 1ª lactação foi de 3619 kg em 305 dias. A percentagem média de gordura variou entre 4,10 e 4,17 e a SNF entre 8,58 e 8,75 %. A Direção de Projectos de Gado (PDC), Meerut, desenvolveu o gado cruzado nacional "Frieswal", um cruzamento de gado Holstein Frísia - Sahiwal, que produz 4000 kg de leite com 4% de gordura de manteiga numa lactação de 300 dias **(Diretório de Touros Frieswal, 2011).** A principal cor do corpo do gado Frieswal era o preto e o branco. Mahatma Phule Krishi Vidyapeeth (MPKV), Rahuri, do distrito de Ahmednagar, Maharashtra, desenvolveu uma raça de vacas de cruzamento triplo designada "Phule Triveni", que produz 3000 a 3500 litros de leite por lactação com 4% de gordura. A nova raça foi desenvolvida através do cruzamento das raças Holstein Friesian (50 por cento), Jersey (25 por cento) e Gir (25 por cento) **(Doiphode et al., 2008).** A constituição genética do gado "Vrindavani" tem 50-75% de heranças de raças bovinas exóticas, nomeadamente Holstein-Frísia, Jersey e Pardo-Suíço, e 25-50% da raça autóctone Hariana. O gado Vrindavani apresenta quase todas as cores de pelagem possíveis, para além do roan, castanho claro-escuro, preto e branco e castanho e branco. O gado Vrindavani produz cerca de 3 000 kg de leite em 305 dias de lactação, com 4-4,5% de gordura **(DARE/ICAR, Relatório Anual, 2007-08).**

A Índia tem um vasto efetivo de 199,1 milhões de bovinos, incluindo 39,73 milhões de animais de raça cruzada. O gado leiteiro exótico/cruzado aumentou de 14,4 milhões para 19,42 milhões, um aumento de 34,78 %. **(19.º Censo Pecuário - 2012).** O programa de cruzamento de gado leiteiro desempenhou um papel significativo na obtenção da posição de topo da Índia como o país mais produtor de leite do mundo. Este facto resultou do cruzamento de gado indiano descritor e não descritor com raças leiteiras exóticas, principalmente as raças Holstein Friesian, Jersey e Brown Swiss.

REPETIBILIDADE E ERRO

A repetibilidade é a correlação entre dois registos de indivíduos de uma população. Assim, a repetibilidade indica a força da relação entre registos repetidos das mesmas caraterísticas nos indivíduos de uma população. A repetibilidade de uma caraterística mede o grau médio em que uma búfala terá, na sua próxima lactação, um desempenho superior ou inferior à média do efetivo, tal como teve na anterior.

Existem apenas alguns estudos sobre a repetibilidade em bovinos cruzados Jersey. A repetibilidade é a fração da variância que é atribuída a diferenças permanentes entre indivíduos. Quanto maior for a repetibilidade, mais exato será o abate das vacas com base na primeira lactação. No presente estudo, os valores de repetibilidade do período de serviço, do período seco e do intervalo entre partos foram inferiores aos do relatório anterior de Khan et al. em Jersey × Red Sindhi. No entanto, os valores estimados são mais elevados do que os registados em Jersey × Sahiwal. As estimativas foram de magnitude baixa a moderada. As estimativas de baixa repetibilidade das caraterísticas reprodutivas variaram de 0,001 (número de serviços por conceção) a 0,42 (período de serviço), indicando que foram mais influenciadas por efeitos ambientais temporários.

O melhoramento do gado leiteiro por princípio genético é o único fator de desenvolvimento da população bovina em geral. O termo "repetibilidade", introduzido por (Lush, 1945), significa a correlação entre expressões repetidas de uma dada caraterística para o mesmo indivíduo. A repetibilidade pode ser considerada como a fração da variância atribuível a diferenças permanentes entre indivíduos e é útil para as caraterísticas que se manifestam várias vezes durante a vida de um animal (Mahadevan, 1958). Os progressos que podem ser realizados na seleção são parcialmente limitados pela repetibilidade, uma vez que esta fornece os limites superiores da hereditariedade. A seleção para uma caraterística com baixa hereditariedade fará poucos progressos e a seleção para uma caraterística com elevada hereditariedade fará mais progressos. Isto pode ter uma influência significativa na escolha do(s) melhor(es) genótipo(s) para uma determinada caraterística num determinado ambiente. Tais experiências não foram efectuadas em grande medida neste país ou foram-no muito pouco. Neste contexto, o presente estudo intitula-se "Estimativa da produtividade de certas caraterísticas reprodutivas em vários graus de Jersey× Red Sindhi Crosses". Será efectuado com os seguintes resultados.

JUSTIFICAÇÃO

Há muitos caracteres económicos dos animais de criação que ocorrem mais do que uma vez durante a vida de um animal e assumem valores fenotípicos diferentes em alturas diferentes. Esses caracteres são os períodos secos, o intervalo entre partos, o período de serviço e os dias abertos, etc. Todos estes caracteres têm valores diferentes para um determinado animal, medidos em alturas diferentes. O valor fenotípico dos caracteres quantitativos é o produto conjunto do fenótipo e do ambiente a que o animal está exposto. O genótipo de um animal é qualquer início de vida decidido e fixado no momento da conceção e não se altera ao longo da vida do animal, exceto por mutação e erros na mitose. Estas mutações e erros ambientais ocorrem de forma excecional e negligenciável. Esta é provavelmente a razão para causar diferenças entre a correlação (repetibilidade) baseada no registo analisado em momentos diferentes. Para tal, é necessário estimar e analisar os dados que foram registados individualmente ao longo dos anos. Assim, com esta perspetiva, o presente estudo intitulado "Estimativa da repetibilidade de certos traços reprodutivos em vários graus de Jersey× Red Sindhi Crosses" foi realizado na SHUATS Dairy Farm, Prayagraj, Uttar Pradesh, com os seguintes objectivos -

OBJECTIVO

- Estimar a repetibilidade do período de serviço (PS) nas cruzes de Jersindh.
- Estimar a repetibilidade do Período Seco (PD) nos cruzamentos de Jersindh.
- Estimar a repetibilidade do intervalo entre partos (IC) em cruzamentos Jersindh.
- Estimar a repetibilidade dos dias de abertura nos cruzamentos de Jersindh.

Capítulo III

MATERIAIS E MÉTODOS

Para investigar a repetibilidade de certas caraterísticas reprodutivas, ou seja, o intervalo entre partos, o período de serviço, o período seco e os dias de abertura em vários graus de cruzamentos entre Jersey e Red Sindhi, utilizou-se um total de 66 registos no presente estudo. Os dados relativos ao presente trabalho de investigação foram recolhidos da folha de historial mantida no Department of Animal Husbandry and Dairying, SHUATS. Os dados relativos a lactações anormais, como aborto e produção de leite inferior a 150 dias, foram excluídos do estudo.

1) Fonte de dados:

Foram recolhidos dados relativos a 1st , 2nd e 3rd lactações, durante um período compreendido entre 1939 e 1971 , mantidos na exploração leiteira de SHUATS , a partir de fichas históricas de vacas da raça Jersind Crossbred , compreendendo 1/2×1/2, 3/8× 5/8, 1/4 ×3/4 e 1/8×7/8 com (57), (45), (30) e (66) observações, respetivamente.

2) Parâmetros para a estimativa:

2.1 Repetibilidade do intervalo entre partos (IC) 1/2 × 1/2, 1/4 × 3/4, 3/8 × 5/8, 1/7 ×1/8 Jersey × Cruzamentos de Sindhi vermelho.

2.2 Repetibilidade do período de serviço (SP) 1/2 × 1/2, 1/4 × 3/4, 3/8 × 5/8 1/7 ×1/8 Jersey × Cruzes Sindi vermelhas.

2.3 Repetibilidade do período seco (DP) 1/2 × 1/2, 1/4 × 3/4, 3/8 × 5/8, 1/7 ×1/8 Jersey × Cruzes Sindi vermelhas.

2.4 Repetibilidade dos dias de abertura (DO) 1/2 × 1/2, 1/4 × 3/4, 3/8 × 5/8, 1/7 ×1/8 Jersey × Cruzes Sindi vermelhas.

3) Ordem de lactação:

Primeira lactação - L1

Segunda lactação - L2

Terceira lactação - L3

4) Análise dos dados:

Os dados relativos às caraterísticas produtivas foram registados e analisados pelo método de correlação intra-classe (R.A. Fisher 1921). O erro padrão de repetibilidade será calculado de acordo com Swiger *et al.*, (1964).

Ykm = μ + bK + ekm

Onde,

Ykm é a M-ésima medição no K-ésimo indivíduo

μ é a média comum

bk é o efeito do K-ésimo indivíduo

e_{km} é o desvio ambiental da medição M^{th} do indivíduo K^{th}

5) Análise de variância (ANOVA)

Fonte de variação (SOV)	**Grau de liberdade (DF)**	**Soma dos quadrados (SS)**	**Soma média dos quadrados (MSS)**	**Quadrados médios esperados (EMS)**
Variância entre bovinos de raças cruzadas	n-1	SS(CBC)	SS(CBC)/n-1	σ2W + Kσ2B
Variância nos bovinos cruzados (w)	m-n	SS(W)	SS(W)/m-n	σ2W
Total	(n-1) +(m-N)	SS(B)+SS(W)		

6) Cálculo da soma média dos quadrados;

i) Fator de correção (CF) = $GT^2{}_{/M}$

ii) Soma total dos quadrados (SST) $= \sum I \sum_j y^2{}_{ij} - CF$

iii) SS devido a indivíduos {SS (CBC)} $= \sum_I Y^2{}_{i\,/\,M} - CF$

iv) SS devido a medições efectuadas em bovinos de raças cruzadas {SS (W)} = TSS-SS (CBC)

- N.º de registos por indivíduo(K):

$$K = \frac{1}{N - 1[\frac{M - \Sigma M2I}{M}]}$$

- Estimação de componentes de variância:

$$\sigma 2B = \frac{MSS\ (CBC) - MSS\ (W)}{K}$$

$$\sigma 2W = MSS\ (W)$$

- O valor da repetibilidade foi obtido através da correlação intra-classe (r):

$$r = \frac{\sigma 2B}{\sigma 2B + \sigma 2W}$$

- Erro padrão de repetibilidade:

$$SE = \frac{2\ (M - 1)(1 - r)2\ \{1(K + 1)R\}}{K2(M - N)(N - 1)}$$

Onde,

N Número de indivíduos

M Número total de observações

GT Total geral

$Y^{2,}$I Soma dos quadrados do rendimento total de cada vaca

SS Soma de quadrados

K Número de registos por indivíduo

σ^2W Componente de erro da variância

σ^2B Variância entre indivíduos

r Repetibilidade (coeficiente de correlação)

RESULTADOS E DISCUSSÃO

O sucesso da indústria indiana de lacticínios depende muito do desempenho reprodutivo eficiente dos animais leiteiros. Existem várias medidas para manter um bom efetivo em termos de desempenho produtivo e reprodutivo. Os factores genéticos e ambientais influenciam geralmente o desempenho dos animais leiteiros. A análise do presente estudo, que tem por objetivo **"Estimar a repetibilidade de certas caraterísticas reprodutivas em vários graus de cruzamento Jersey × Red Sindhi"**, é abordada neste capítulo.

O coeficiente de repetibilidade para todos os traços foi analisado e definido sob o limite baseado na repetibilidade juntamente com o erro padrão (Martin & Bateson, 1986)

O coeficiente de correlação; r inferior a 0,2 repetibilidade ligeira. r entre 0,2 e 0,4 repetibilidade baixa. r entre 0,4 e 0,7 repetibilidade moderada. r entre 0,7 e 0,9 repetibilidade elevada. r superior a 0,9 repetibilidade muito elevada.

Nota: - No presente trabalho, a repetibilidade moderada (0,4-0,7) será considerada como positivamente correlacionada.

4.1. Repetibilidade do intervalo entre partos (dias) de 1/2Jersey× 1/2Red Sindhi Crosses.

Os dados relativos ao intervalo entre partos (dias) de 1/2Jersey× 1/2Red Sindhi para a estimativa da repetibilidade são apresentados na Tabela 4.1.1 e a análise de variância (ANOVA) é dada na Tabela 4.1.2. As seguintes observações foram feitas:

Em geral, o número total de animais foi de 15, o total de observações foi de 45, e o intervalo entre partos registado variou entre 345-448 dias, o valor da repetibilidade foi de 0,67 com um erro padrão de 0,175.

A partir da leitura dos dados sobre o intervalo entre partos de 1/2Jersey×1/2Red Sindhi em 1st , 2nd , e 3rd lactações contidas na tabela 4.1.1 e figura: -1 observou-se que, independentemente das lactações, o intervalo de parto variou de (345 dias a 448 dias), no entanto, o maior intervalo médio de parto (404,8 dias) foi registado na 1st lactação seguido por 399,066 dias e 398,2 dias em 2nd e 3rd lactações, respetivamente. Uma vez que a repetibilidade estimada foi (r = 0,67) juntamente com o erro padrão (0,175), o que indica uma repetibilidade moderada para o intervalo entre partos. Este (1/2Jersey × 1/2Red Sindhi crosses) para um melhor desempenho reprodutivo.

4.1. Estimativa da repetibilidade do intervalo entre partos (dias) em 1/2 Jersey × 1/2 Red Sindhi Crosses.

N.º SI.	Animal n.º.	Intervalo entre partos com lactação			Total	Número total de Lactação
		I	II	III		
1	316	444	392	355	1191	3
2	502	370	360	347	1077	3
3	588	448	447	365	1260	3
4	569	378	358	379	1115	3
5	541	443	433	443	1319	3
6	569	436	357	406	1199	3
7	474	356	436	445	1237	3
8	605	372	395	386	1153	3
9	747	384	375	424	1183	3
10	722	415	413	412	1240	3
11	984	429	405	401	1235	3
12	952	418	443	437	1298	3
13	494	382	426	399	1207	3
14	574	358	401	418	1177	3
15	442	439	345	356	1140	3
Total	Média	404.8	399.0666667	398.2	18031	45

4.1.2. Análise de variância (ANOVA) para o desempenho do intervalo entre partos de 1/2Jersey ×1/2Red **Sindhi Crosses.**

ANOVA				
Fonte de variação	**d.f**	**SS**	**MSS**	**EMSS**
SS(B)	14	24993.2197	1785.229978	
SS(W)	20	30536.66667	1052.988506	
Total	44			

r = 0.67
SE = 0,175

4.2. Repetibilidade do intervalo entre partos (dias) de ¼ Jersey× ¾ Red Sindhi Crosses.

Os dados relativos ao intervalo entre partos (dias) de 1/4Jersey× 3/4Red Sindhi para a estimativa da repetibilidade são apresentados na Tabela 4.2 e a análise de variância (ANOVA) é apresentada na Tabela 4.1.1:

Em geral, o número total de animais foi de 22, o total de observações foi de 66, o intervalo entre partos registado varia entre (348 e 450) e o valor de repetibilidade foi de 0,504 com um erro padrão de 0,129.

A partir da leitura dos dados sobre o intervalo entre partos de 1/4Jersey× 3/4Red Sindhi em 1st , 2nd ,3rd lactações contidas na tabela 4.2.1 e figura: -1 observou-se que independentemente da lactação o intervalo de parto variou de (348 dias a 450 dias), no entanto, o maior intervalo de parto médio (403,81818 dias) foi registado na 2nd lactação seguido por 399,9545 dias e 399,409 dias em 1st e 3rd lactações, respetivamente, uma vez que a repetibilidade estimada foi (r = 0.504) juntamente com o erro padrão (0,1226), o que indica uma repetibilidade moderada para o intervalo entre partos e não foi atribuída a qualquer fonte de variações, é uma boa indicação para a seleção de (1/4Jersey× 3/4Red Sindhi crosses) para um melhor desempenho reprodutivo.

4.2. Estimativa da repetibilidade do intervalo entre partos (dias) em cruzamentos 1/4 Jersey × 3/4 Red Sindhi.

SI. Não.	Animal n.º.	Ordem de lactação Intervalo de partos I	II	III	Total	Nº total de lactação
1	221	370	447	385	1202	3
2	500	398	371	445	1214	3
3	629	419	376	421	1216	3
4	674	412	424	439	1275	3
5	582	377	361	359	1097	3
6	210	450	429	358	1237	3
7	602	446	415	440	1301	3
8	256	361	392	426	1179	3
9	725	450	380	361	1191	3
10	584	430	426	399	1255	3
11	463	364	366	368	1098	3
12	776	446	373	348	1167	3
13	625	356	420	419	1195	3
14	819	417	361	412	1190	3
15	793	374	427	414	1215	3
16	685	365	432	368	1165	3
17	734	375	399	367	1141	3
18	720	447	432	425	1304	3
19	764	446	415	391	1252	3
20	270	364	368	365	1097	3
21	656	444	416	436	1296	3
22	199	373	369	441	1183	3
Total	Média	403.8181818	399.9545455	399.4090909	26470	66

4.2.1 Análise de variância (ANOVA) para o desempenho do intervalo entre partos de 1/4 Jersey× **3/4 Red Sindhi Crosses.**

ANOVA				
fonte de variação	**d.f**	**SS**	**MSS(G2w)**	
SS(B)	21	27255.75758	1297.893218	
SS(W)	43	1966895.333	44702.16667	
Total	65			

r = 0.504
SE = 0,1226

4.3. Repetibilidade do intervalo entre partos (dias) de cruzamentos Sindi 3/8Jersey× 5/8Red.

Os dados relativos ao intervalo entre partos (dias) dos cruzamentos 3/8Jersey × 5/8Red Sindhi para a estimativa da repetibilidade são apresentados na Tabela 4.3.1 e a análise de variância (ANOVA) é apresentada na Tabela 4.3.2:

Em geral, o número total de animais foi de 10, o total de observações foi de 30, o intervalo entre partos registado varia entre 356-449 dias e o valor de repetibilidade foi de 0,69 com um erro padrão de 0,17.

A partir da leitura dos dados sobre o intervalo entre partos de cruzamentos 3/8Jersey× 5/8Red Sindhi em 1st , 2nd ,3rd lactações contidas na tabela 4.3.1 e figura: -1 observou-se que, independentemente da lactação, o intervalo entre partos variou de (356 dias a 449 dias), no entanto, o maior intervalo médio entre partos (400,6 dias) foi registado na 2nd lactação, seguido por 389,7 dias e 387.3 dias em 1st e 3rd lactações, respetivamente, uma vez que a repetibilidade estimada foi (r = 0,69) juntamente com o erro padrão (0,17) que dita uma repetibilidade moderada para o intervalo de parto e não foi atribuída a nenhuma fonte de variações, é uma boa indicação para a seleção de (3/8Jersey× 5/8Red Sindhi crosses) para um melhor desempenho reprodutivo.

4.3.1. Estimativa da repetibilidade do intervalo entre partos (dias) em cruzamentos 3/8 Jersey × 5/8 Red Sindhi.

N.º SI.	Animal n.º.	Ordem de lactação Intervalo de partos			Total	Nº total de lactação
		I	II	III		
1	554	372	374	361	1105	3
2	296	449	440	390	1279	3
3	298	420	425	397	1242	3
4	296	413	438	400	1251	3
5	250	364	421	365	1150	3
6	513	391	360	419	1170	3
7	382	361	383	389	1133	3
8	255	369	367	356	1092	3
9	959	396	404	427	1227	3
10	228	362	396	369	1127	3
Total	Média	389.7	400.6	387.3	11776	30

4.3.2. Análise de variância (ANOVA) para o desempenho do intervalo entre partos de 3/8 Jersey × 5/8 Red Sindhi Crosses.

ANOVA				
fonte de variação	**d.f**	**SS**	**MSS(g2w)**	
SS(B)	9	27403.33333	3044.814815	
SS(M)	17	72903.33333	4288.431373	
Total	30			

r = 0.69618
SE = 0,171

4.4 Repetibilidade do intervalo entre partos (dias) de 1/8 Jersey× 7/8 Red Sindhi Crosses.

Os dados relativos ao intervalo entre partos (dias) dos cruzamentos 1/8Jersey × 7/8Red Sindhi para a estimativa da repetibilidade são apresentados na Tabela 4.4.1 e a análise de variância (ANOVA) é apresentada na Tabela 4.4.2:

Em geral, o número total de animais foi de 19, o total de observações foi de 57, o intervalo de partos registado varia entre 346 e 450 e o valor de repetibilidade foi de 0,55 com um erro padrão de 0,164.

A partir da leitura dos dados sobre o intervalo entre partos de 1/8Jersey× 7/8Red Sindhi em 1st , 2nd ,3rd lactações contidas na tabela 4.4.1 e figura: -1 observou-se que, independentemente da lactação, o intervalo de partos variou de (346 dias a 450 dias), no entanto, o maior intervalo médio de partos (398,210 dias) foi registado na 1st lactação, seguido de 394,47 dias e 387,78 dias em 2nd e 3rd lactações, respetivamente, uma vez que a repetibilidade estimada foi (r = 0,55) juntamente com o erro padrão (0,162), o que indica uma repetibilidade moderada para o intervalo de partos. Isso pode ser devido à combinação genética e a esse animal (1/8Jersey × 7/8Red Sindhi) para um melhor desempenho reprodutivo.

4.4.1. Estimativa da repetibilidade do Intervalo entre Partos (dias) em 1/8 Jersey × 7/8 Red Sindhi Crosses.

N.º SI	Animal n.º.	Ordem de lactação Intervalo de partos			Total	Número total de Lactação
		I	II	III		
1	209	444	430	395	1269	3
2	259	427	431	447	1305	3
3	906	447	447	355	1249	3
4	175	441	389	372	1202	3
5	560	437	413	411	1261	3
6	922	425	348	341	1114	3
7	724	368	436	450	1254	3
8	839	420	405	356	1181	3
9	189	368	373	356	1097	3
10	234	347	346	336	1029	3
11	861	378	436	413	1227	3
12	798	430	360	383	1173	3
13	611	374	365	363	1102	3
14	420	390	401	401	1192	3
15	822	388	355	377	1120	3
16	868	366	410	441	1217	3
17	212	344	421	402	1167	3
18	200	371	363	411	1145	3
19	240	401	366	358	1125	3
Total	Média	398.2105263	394.4736842	387.7894737	22429	57

4.4.2. Análise de variância (ANOVA) para o desempenho do intervalo entre partos de 1/8 Jersey × 7/8 Red Sindhi Crosses.

ANOVA			
fonte de variação	**d.f**	**SS**	**MSS(g2w)**
SS(B)	18	2187811.527	121545.0848
SS(M)	38	4899987.667	204166.1528
Total	57		

r = 0.55
SE = 0,164

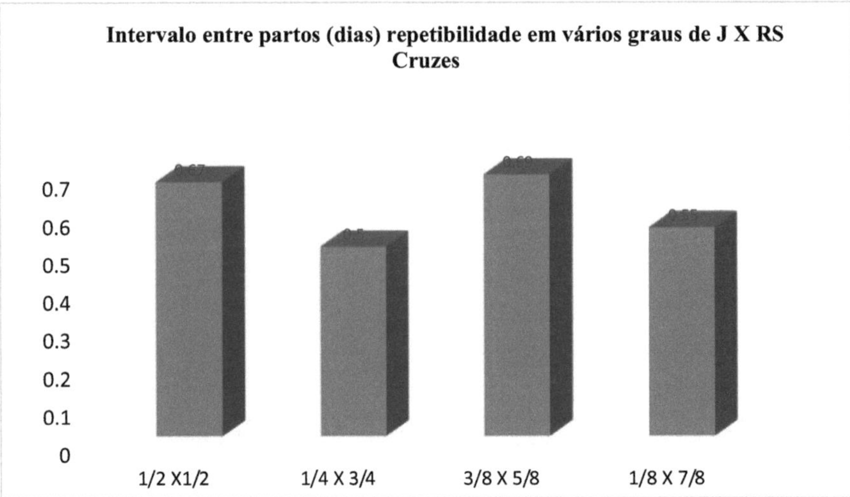

Figura: - 1 Repetibilidade do intervalo entre partos (dias) em 1, 2 e 3 lactações de 1/2J ×1/2RS, 1/4J × 3/4RS, 3/8J × 5/8RS, 1/8J × 7/8RS.

4.5. Repetibilidade do período de serviço (dias) de cruzamentos 1/2J × 1/2RS Cruzes.

Os dados relativos ao período de serviço (dias) dos cruzamentos 1/2Jersey× 1/2Red Sindhi para a estimativa da repetibilidade são apresentados no quadro 4.5.1 e a análise de variância (ANOVA) é apresentada no quadro 4.5.2:

Em geral, o número total de animais foi de 15, o total de observações foi de 45 e o período de serviço registado variou entre 24 e 127 dias. O valor da repetibilidade foi de 0,224 com um erro padrão de 0,174.

A partir da leitura dos dados sobre o período de serviço de 1/2Jersey× 1/2Red Sindhi em 1st , 2nd ,3rd lactações contidas na tabela 4.5.1 e figura: -2 observou-se que, independentemente da lactação, o período de serviço variou de (24 dias a 127 dias), no entanto, o período de serviço médio mais elevado (103,33 dias) foi registado na 2 lactação, seguido de 100,266 dias e 99,866 dias em 3rd e 1st lactações, respetivamente, uma vez que a repetibilidade estimada foi (r = 0,224) juntamente com o erro padrão (0,174), o que indica uma baixa repetibilidade para o período de serviço.× 1/2Cruzamento vermelho Sindi) pode dever-se a uma combinação genética e esse animal pode não ser rentável para uma exploração leiteira bem sucedida.

4.5.1. Estimativa da repetibilidade do período de serviço (dias) em 1/2 Jersey×1/2 Cruz Vermelha Sindi.

N.º SI.	Animal n.º.	Período de serviço de lactação			Total	Nº total de lactação
		I	II	III		
1	316	105	120	64	289	3
2	502	91	77	109	277	3
3	588	121	107	84	312	3
4	569	24	77	97	198	3
5	541	109	109	102	320	3
6	569	121	71	120	312	3
7	474	120	109	85	314	3
8	605	94	109	111	314	3
9	747	104	106	106	316	3
10	722	104	127	110	341	3
11	984	109	125	110	344	3
12	952	112	121	104	337	3
13	494	105	125	95	325	3
14	574	67	105	120	292	3
15	442	112	62	87	261	3
Total	Média	99.86666	103.333	100.266	4552	45

4.5.2 Análise de variância (ANOVA) para o desempenho do período de serviço de 1/2Jersey×1/2 Cruz Vermelha Sindi.

ANOVA				
Fonte de variação	**d.f**	**SS**	**MSS**	**EMSS**
SS(B)	14	123054.6	8789.614286	14
SS(W)	30	197749.3	6591.643333	30
Total	44			

r = 0.224
SE = 0,174

4.6. Repetibilidade do período de serviço (dias) de 1/4Jersey× 3/4Red Sindhi Crosses.

Os dados relativos ao período de serviço (dias) de 1/4Jersey× 3/4Red Sindhi para a estimativa da repetibilidade são apresentados no quadro 4.6.1 e a análise de variância (ANOVA) é apresentada no quadro 4.6.2:

Em geral, o número total de animais foi de 22, o total de observações foi de 66, o período de serviço registado varia entre 42 e 126, o valor de repetibilidade foi de 0,16 com um erro padrão de 0,11

A partir da leitura dos dados sobre o período de serviço de 1/4Jersey× 3/4Red Sindhi em 1st , 2nd ,3rd lactações contidas na tabela 4.6 e figura:-2 notou-se que independentemente da lactação o período de serviço variou de (42 dias a 126 dias), no entanto, o maior período de serviço médio (102.45 dias) foi registado em 1st lactação seguido de 99.13 dias e 99 dias em 2nd e 3rd lactações respetivamente, uma vez que a repetibilidade estimada foi (r = 0.16) juntamente com o erro padrão (0.11) indica uma ligeira repetibilidade para o período de serviço. Este cruzamento i.e. (1/4Jersey× 3/4Red Sindhi) deve-se a uma combinação genética e este animal não pode ser recomendado/mantido para uma exploração leiteira rentável.

4.6.1. Estimativa da repetibilidade do período de serviço (dias) em 1/4 Jersey × 3/4 Red Sindhi Crosses.

N.º SI.	Animal No.	Período de serviço de lactação			Total	Nº total de lactação
		I	II	III		
1	221	102	122	112	336	3
2	500	112	83	121	316	3
3	629	103	86	104	293	3
4	674	125	106	30	261	3
5	582	89	65	103	257	3
6	210	121	103	111	335	3
7	602	115	103	122	340	3
8	256	94	118	107	319	3
9	725	116	100	82	298	3
10	584	119	119	106	344	3
11	463	48	68	52	168	3
12	776	124	93	70	287	3
13	625	126	112	118	356	3
14	819	110	83	120	313	3
15	793	62	117	123	302	3
16	685	114	123	121	358	3
17	734	106	97	91	294	3
18	720	121	116	102	339	3
19	764	119	120	104	343	3
20	270	81	66	62	209	3
21	656	105	97	108	310	3
22	199	42	84	109	235	3
Total	Média	102.4545	99.1363	99	6613	66

4.6.2. Análise de variância (ANOVA) para o desempenho do período de serviço de 1/4 Jersey × 3/4 Red Sindhi Crosses.

ANOVA				
Fonte de variação	**d.f**	**SS**	**MSS(G2W)**	**E(MSS)**
SS(B)	21	123054.6	5859.742857	
SS(W)	44	197749.3	4494.302273	
Total	65			

r = 0.167

SE = 0,11

4.7. Repetibilidade do período de serviço (dias) de 3/8Jersey× 5/8Red Sindhi Crosses.

Os dados relativos ao período de serviço (dias) dos cruzamentos 3/8Jerse × 5/8Red Sindhi para a estimativa da repetibilidade são apresentados no quadro 4.7.1 e a análise de variância (ANOVA) é apresentada no quadro 4.7.2:

Em geral, o número total de animais foi de 10, o total de observações foi de 30, o período de serviço registado varia entre 60 e 129 e o valor de repetibilidade foi de 0,356 com um erro padrão de 0,33.

A partir da leitura dos dados sobre o período de serviço de cruzamentos 3/8Jersey× 5/8Red Sindhi em 1, 2, 3 lactações contidas na tabela 4.7.1 e figura:-2 notou-se que independentemente da lactação o período de serviço variou de (60 dias a 129 dias), no entanto, o maior período de serviço médio (104.4dias) foi registado em 2 lactações, seguido de 92,1dias e 91,9 dias em 3 e 1Lactações, respetivamente, uma vez que a repetibilidade estimada foi (r = 0,356) juntamente com o erro padrão (0,33), o que indica uma baixa repetibilidade para o período de serviço. Isto pode (3/8Jersey× 5/8Red Sindhi crosses) dever-se a uma combinação genética e este animal pode não ser rentável para uma exploração leiteira bem sucedida.

4.7.1. Estimativa da repetibilidade do período de serviço (dias) em 3/8 Jersey× 5/8 Red Sindhi Crosses.

SI. Não.	Animal n.º.	Período de serviço de lactação			Total	Número total de Lactação
		I	II	III		
1	554	91	96	78	265	3
2	296	124	119	83	326	3
3	298	129	117	119	365	3
4	296	114	95	111	320	3
5	250	49	120	84	253	3
6	513	125	105	115	345	3
7	382	60	102	73	235	3
8	255	94	98	96	288	3
9	959	69	72	70	211	3
10	228	64	120	92	276	3
Total	Média	91.9	104.4	92.1	2884	30

4.7.2. Análise de variância (ANOVA) para o desempenho do período de serviço de 3/8 Jersey× 5/8 Red Sindhi Crosses.

ANOVA				
Fonte de variação	**d.f**	**SS**	**MSS(G2W)**	**E(MSS)**
SS(B)	9	123054.6	13672.73333	
SS(W)	20	197749.3	9887.465	
Total	29			

r = 0.356
SE = 0,332

4.8 Repetibilidade do período de serviço (dias) de 1/8Jersey× 7/8Red Sindhi Crosses.

Os dados relativos ao período de serviço (dias) dos cruzamentos 1/8Jersey× 7/8Red Sindhi para a estimativa da repetibilidade são apresentados no quadro 4.8.1 e a análise de variância (ANOVA) é apresentada no quadro 4.8.2:

Em geral, o número total de animais foi de 19, o total de observações foi de 57, o período de serviço registado varia entre 19 e 129 e o valor de repetibilidade foi de 0,19 com um erro padrão de 0,13.

A partir da leitura dos dados sobre o período de serviço de 1/8 Jersey× 7/8 Red Sindhi em 1, 2 e 3 lactações, como se pode ver na tabela 4.8.1 e na figura: -2, verificou-se que, independentemente da lactação, o período de cobrição variou entre 19 e 129 dias. No entanto, o período de cobrição médio mais elevado (98,842 dias) foi registado na segunda lactação, seguido de 96,89 dias e 92,8421 dias na primeira e terceira lactações, respetivamente, uma vez que a repetibilidade estimada foi de (r = 0,19), juntamente com o erro padrão (0,13), o que indica uma ligeira repetibilidade do período de cobrição. Isto pode (1/8Jersey× 7/8Red Sindhi crosses) ser devido a uma combinação genética e este animal não pode ser recomendado/mantido para uma exploração leiteira rentável.

4.8.1. Estimativa da repetibilidade do período de serviço (dias) em cruzamentos 1/8 Jersey × 7/8 Red Sindhi crosses.

N.º SI.	Animal n.º.	Período de serviço de lactação			Total	Número total de Lactação
		I	II	III		
1	209	125	126	116	367	3
2	259	115	122	109	346	3
3	906	129	114	68	311	3
4	175	69	61	31	161	3
5	560	112	123	106	341	3
6	922	107	67	60	234	3
7	724	89	111	96	296	3
8	839	97	102	120	319	3
9	189	77	87	97	261	3
10	234	75	70	76	221	3
11	861	118	123	128	369	3
12	798	110	126	129	365	3
13	611	92	95	105	292	3
14	420	111	108	95	314	3
15	822	61	75	68	204	3
16	868	56	95	75	226	3
17	212	55	75	65	195	3
18	200	122	89	105	316	3
19	240	121	109	115	345	3
Total	Média	96.89	98.842	92.8421	5483	57

4.8.2. Análise de variância (ANOVA) para o desempenho do Período de Serviço de 1/8 Jersey × 7/8 Red Sindhi.

ANOVA				
Fonte de variação	**d.f**	**SS**	**MSS(G2W)**	**E(MSS)**
SS(B)	18	123054.6	6836.366667	18
SS(W)	38	197749.3	5203.928947	38
Total	56			

r = 0.1931

SE = 0,134

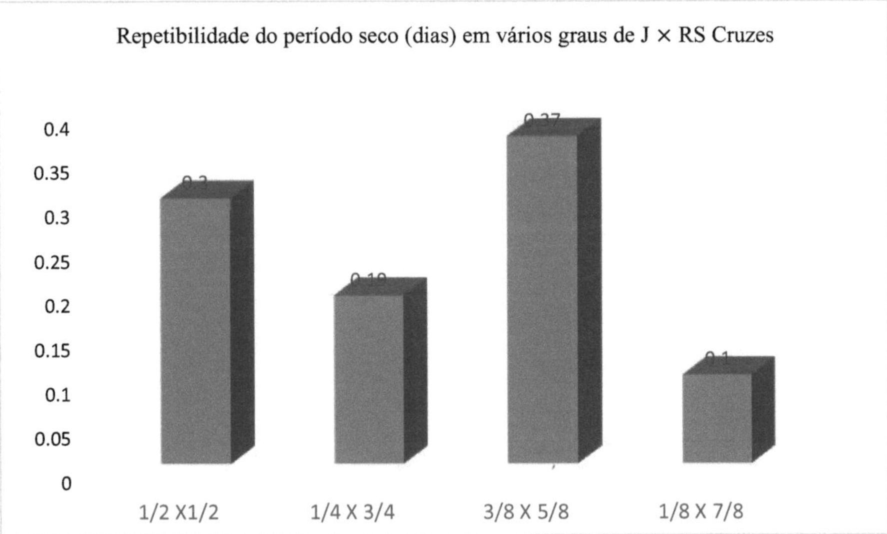

Figura: - 2 Repetibilidade do período de serviço (dias) em 1, 2 e 3 lactações de 1/2J× 1/2RS, 1/4J × 3/4RS, 3/8J × 5/8RS, 1/8J × 7/8RS.

4.9 Repetibilidade do período seco (dias) de 1/2Jersey× 1/2Red Sindhi Crosses.

Os dados relativos ao período seco (dias) dos cruzamentos 1/2Jersey× 1/2Red Sindhi para a estimativa da repetibilidade são apresentados no Quadro 4.9.1 e a análise de variância (ANOVA) é apresentada no Quadro 4.9.2:

Em geral, o número total de animais foi de 15, o total de observações foi de 45, o período seco registado varia entre 33 e 81 e o valor de repetibilidade foi de 0,30 com um erro padrão de 0,175.

Da leitura dos dados relativos ao período seco de ½ Jersey× ½ Red Sindhi em 1, 2, 3 lactações contidas na tabela 4.5.1 e na figura:-2 observou-se que, independentemente da lactação, o período seco variou de (33 dias a 81 dias), no entanto, o período seco médio mais elevado (61,73 dias) foi registado na 2 lactação, seguido de 59,53333333 dias e 57,8 dias em 1st e 3st lactações, respetivamente, uma vez que a repetibilidade estimada foi (r = 0,30) juntamente com o erro padrão (0,175), o que indica uma baixa repetibilidade para o período seco. Isso pode (1/2Jersey × 1/2Cruzamento vermelho Sindi) pode ser devido a uma combinação genética e esse animal não pode ser recomendado/mantido para uma exploração leiteira rentável.

4.9.1. Estimativa da repetibilidade do período seco (dias) em 1/2 Jersey× 1/2Red Sindhi Crosses.

N.º SI.	Animal n.º.	Período seco de lactação			Total	Nº total de lactação
		I	II	III		
1	316	41	58	52	151	3
2	502	52	62	61	175	3
3	588	81	64	58	203	3
4	569	33	65	55	153	3
5	541	70	54	70	194	3
6	569	78	72	62	212	3
7	474	45	76	55	176	3
8	605	57	67	53	177	3
9	747	74	60	46	180	3
10	722	66	66	72	204	3
11	984	61	61	58	180	3
12	952	57	47	58	162	3
13	494	50	51	60	161	3
14	574	74	67	52	193	3
15	442	54	56	55	165	3
Total	Média	59.53333333	61.73333333	57.8	2686	45

4.9.2. Análise de variância (ANOVA) para o desempenho no período seco de 1/2 Jersey × 1/2Red Sindhi Crosses.

ANOVA				
Fonte de variação	**d.f**	**SS**	**MSS(G2W)**	**E(MSS)**
SS(B)	14	3841.182	274.3701	
SS(W)	30	7324	252.5517	
Total	44			

r = 0.30

SE = 0,175

4.10. Repetibilidade do período seco (dias) de 1/4Jersey× 3/4Red Sindhi Crosses.

Os dados relativos ao período seco (dias) de1/4Jersey × 3/4Red Sindhi para a estimativa da repetibilidade são apresentados no Quadro 4.6.1 e a análise de variância (ANOVA) é apresentada no Quadro 4.6.2:

Em geral, o número total de animais foi de 22, o total de observações foi de 66, o período seco registado varia entre 11 e 97 e o valor de repetibilidade foi de 0,37 com um erro padrão de 0,099.

A leitura dos dados relativos ao período seco de ¼ Jersey× ¾ Red Sindhi em 1, 2 e 3 lactações, constantes do quadro 4.6 e da figura:-2, verificou-se que, independentemente da lactação, o período seco variou entre 24 e 97 dias, mas o período seco médio mais elevado (65,681 dias) foi registado na 1 lactação, seguido de 65,6363 dias e 62,6818 dias nas 3 e 2 lactações, respetivamente, uma vez que a repetibilidade estimada foi (r = 0,37), juntamente com o erro padrão (0,19), o que indica uma baixa repetibilidade do período seco. Isto pode (1/4Jersey× 3/4Red Sindhi) pode dever-se a uma combinação genética e este animal pode não ser recomendado/mantido para uma exploração leiteira rentável.

4.10.1. Estimativa da repetibilidade do período seco (dias) em 1/4 Jersey× 3/4 Red Sindhi Crosses.

SI. Não.	Animal No.	Período seco de lactação			Total	Nº total de lactação
		I	II	III		
1	221	45	59	47	151	3
2	500	83	67	77	227	3
3	629	70	68	78	216	3
4	674	72	72	61	205	3
5	582	69	75	53	197	3
6	210	47	55	60	162	3
7	602	97	66	76	239	3
8	256	50	37	64	151	3
9	725	63	60	52	175	3
10	584	63	40	65	168	3
11	463	74	75	95	244	3
12	776	60	66	75	201	3
13	625	66	86	67	219	3
14	819	95	79	60	234	3
15	793	69	80	65	214	3
16	685	97	73	60	230	3
17	734	24	57	53	134	3
18	720	51	83	78	212	3
19	764	77	24	72	173	3
20	270	55	39	52	146	3
21	656	58	24	72	154	3
22	199	60	94	62	216	3
Total	Média	65.681	62.6818	65.6363	4268	66

4.10.2 Análise de variância (ANOVA) para o desempenho no período seco de 1/4 Jersey× 3/4Red Sindhi Crosses.

ANOVA				
Fonte de variação	**d.f**	**SS**	**MSS(G2W)**	**E(MSS)**
SS(B)	21	8823.939394	420.1875902	
SS(W)	43	10774	250.8636364	
Total	65			

r = 0.37
SE = 0,099

4.11. Repetibilidade do período seco (dias) de 3/8Jersey× 5/8Red Sindhi Crosses.

Os dados relativos ao período seco (dias) dos cruzamentos 3/8Jersey× 5/8Red Sindhi para a estimativa da repetibilidade são apresentados na Tabela 4.7.1 e a análise de variância (ANOVA) é apresentada na Tabela 4.7.2:

Em geral, o número total de animais foi de 10, o total de observações foi de 30, o período seco registado varia entre 12 e 91 e o valor de repetibilidade foi de 0,14 com um erro padrão de 0,36.

A partir da leitura dos dados sobre o período seco dos cruzamentos 3/8Jersey× 5/8Red Sindhi em 1, 2, 3 lactações contidas na tabela 4.7.1 e na figura:-2 observou-se que, independentemente da lactação, o período seco variou de (21 dias a 91 dias), no entanto, o período seco médio mais elevado (56,8 dias) foi registado em 3st lactações, seguido de 48,5 dias e 48,1 dias em 2 e 1 lactações, respetivamente, uma vez que a repetibilidade estimada foi (r = 0,14) juntamente com o erro padrão (0,36), o que indica uma ligeira repetibilidade para o período seco. Isto pode (3/8Jersey× 5/8Red Sindhi) pode dever-se a uma combinação genética e este animal pode não ser recomendado/mantido para uma exploração leiteira rentável.

4.11.1. Estimativa da repetibilidade do período seco (dias) em cruzamentos 3/8 Jersey × 5/8 Red Sindhi.

N.º SI.	Animal n.º.	Período seco de lactação			Total	Número total de Lactação
		I	II	III		
1	554	59	60	64	183	3
2	296	61	55	58	174	3
3	298	35	66	63	164	3
4	296	63	25	91	179	3
5	250	21	57	63	141	3
6	513	56	21	38	115	3
7	382	53	58	55	166	3
8	255	42	56	39	137	3
9	959	36	42	38	116	3
10	228	55	45	59	159	3
Total	Média	48.1	48.5	56.8	1534	30

4.11.2. Análise de variância (ANOVA) para o desempenho no período seco de cruzamentos 3/8 Jersey × 5/8 Red Sindhi.

ANOVA				
Fonte de variação	**d.f**	**SS**	**MSS(G2W)**	**E(MSS)**
SS(B)	9	2588.667	287.6296	
SS(W)	21	4877.333	348.381	
Total	30			

r = 0.148
SE = 0,363

4.12. Repetibilidade do período seco (dias) de 1/8Jersey× 7/8Red Sindhi Crosses.

Os dados relativos ao período seco (dias) dos cruzamentos 1/8Jersey× 7/8Red Sindhi para a estimativa da repetibilidade são apresentados na Tabela 4.12.1 e a análise de variância (ANOVA) é apresentada na Tabela 4.12.2:

Em geral, o número total de animais foi de 19, o total de observações foi de 57, o período seco registado varia entre 16 e 94 e o valor de repetibilidade foi de 0,10 com um erro padrão de 0,079.

A partir da leitura dos dados sobre o período seco de 1/8Jersey× 7/8Red Sindhi em 1, 2, 3 lactações contidas na tabela 4.12.1 e na figura:-3 observou-se que, independentemente da lactação, o período seco variou entre (21 dias e 94 dias), no entanto, o período seco médio mais elevado (59,89 dias) foi registado na 2.ª lactação, seguido de 59,05 dias e 58,41 dias na 2.ª e 3.ª lactações, respetivamente, uma vez que a repetibilidade estimada foi (r = 0,10) juntamente com o erro padrão (0,079), o que indica uma ligeira repetibilidade para o período seco. Isto pode (1/8Jersey× 7/8Red Sindhi) pode ser devido a uma combinação genética e este animal não pode ser recomendado/mantido para uma exploração leiteira rentável.

4.12.1. Estimativa da repetibilidade do período seco (dias) em 1/8Jersey×7/8 Red Sindhi Crosses.

N.º SI	Animal n.º.	Período seco de lactação			Total	Número total de Lactação
		I	II	III		
1	209	48	49	58	155	3
2	259	74	63	88	225	3
3	906	57	70	62	189	3
4	175	69	61	31	161	3
5	560	67	69	21	157	3
6	922	57	59	58	174	3
7	724	94	68	64	226	3
8	839	64	24	71	159	3
9	189	56	65	68	189	3
10	234	21	55	67	124	3
11	861	65	73	64	202	3
12	798	72	68	66	206	3
13	611	56	83	69	208	3
14	420	60	64	62	186	3
15	822	61	60	58	179	3
16	868	25	61	55	141	3
17	212	68	45	54	167	3
18	200	58	52	55	165	3
19	240	57	49	51	157	3
Total	Média	58.42105263	59.89473684	59.05263158	2821	57

4.12.1 Análise de variância (ANOVA) para o desempenho no Período Seco de 1/8Jersey × 7/8 Red Sindhi Crosses.

ANOVA				
Fonte de variação	**d.f**	**SS**	**MSS(G2W)**	**E(MSS)**
SS(B)	18	9461.775	525.6542	
SS(W)	38	12674.33	469.4198	
Total	56			

r = 0.292

SE = 0,163

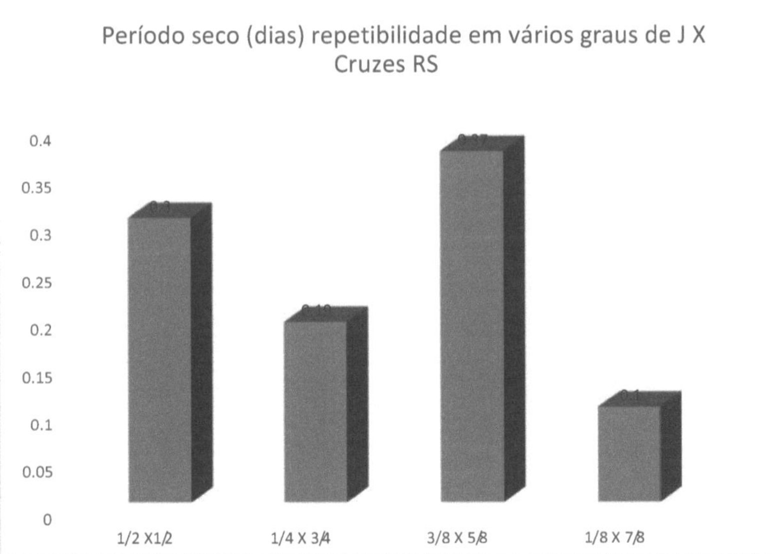

Figura: - 3 Repetibilidade do período seco (dias) em 1st , 2nd e 3rd lactações de 1/2J ×1/2RS, 1/4J × 3/4RS, 3/8J × 5/8RS, 1/8J × 7/8RS.

4.13. Repetibilidade dos dias de abertura (dias) de 1/2Jersey× 1/2Red Sindhi Crosses.

Os dados relativos aos dias de abertura (dias) dos cruzamentos 1/2 Jersey× 1/2Red Sindhi para a estimativa da repetibilidade são apresentados no Quadro 4.13.1 e a análise de variância (ANOVA) é apresentada no Quadro 4.13.2:

Em geral, o número total de animais foi de 15, o total de observações foi de 45, os dias abertos registados variaram entre 3-128, o valor da repetibilidade foi de 0,29 com um erro padrão de 0,16

Da leitura dos dados sobre os dias de abertura dos cruzamentos 1/2Jersey× 1/2Red Sindhi em 1, 2, 3 lactações contidas na tabela 4.5.1 e figura:-4 notou-se que independentemente da lactação os dias de abertura variaram de (24 dias a 128 dias), no entanto, a maior média de dias de abertura (92,13 dias) foi registada em 1 lactação seguida de 89.86666 dias e 88,06666 dias em 2 e 3 lactações, respetivamente, uma vez que a repetibilidade estimada foi (r = 0,29) juntamente com o erro padrão (0,16), o que indica uma baixa repetibilidade para os dias abertos.× 1/2Cruzamento vermelho Sindi) pode ser devido a uma combinação genética e este animal não pode ser recomendado/mantido para uma exploração leiteira rentável.

4.13.1. Estimativa da repetibilidade dos dias de abertura (dias) em 1/2 Jersey × 1/2 Red Sindhi Crosses.

SI. Não	Animal No.	Dias de lactação - Aberto			Total	Nº total de lactação
		I	II	III		
1	316	93	102	43	238	3
2	502	70	56	102	228	3
3	588	118	114	60	292	3
4	569	24	56	76	156	3
5	541	121	128	121	370	3
6	569	125	50	100	275	3
7	474	111	114	63	288	3
8	605	73	67	90	230	3
9	747	85	85	93	263	3
10	722	106	106	114	326	3
11	984	122	104	123	349	3
12	952	91	127	123	341	3
13	494	84	128	74	286	3
14	574	46	84	78	208	3
15	442	121	25	73	219	3
Total	Média	92.66666	89.73333	88.86666667	4069	45

4.13.2. Análise de variância (ANOVA) para o desempenho em Dias de Abertura de 1/2 Jersey ×1/2 Red Sindhi Crosses.

ANOVA				
Fonte de variação	**d.f**	**SS**	**MSS(G2W)**	**E(MSS)**
SS(B)	21	18590.59848	885.2665945	
SS(W)	23	22901.83333	1040.992424	
Total	44			

r = 0.292

SE = 0,163

4.14. Repetibilidade dos dias de abertura (dias) dos cruzamentos 1/4J × 3/4RS cruzamentos.

Os dados relativos aos dias de abertura (dias) dos cruzamentos 1/4Jersey× 3/4Red Sindhi para a estimativa da repetibilidade são apresentados no Quadro 4.14.1 e a análise de variância (ANOVA) é apresentada no Quadro 4.14.2:

Em geral, o número total de animais foi de 22, o total de observações foi de 66, os dias de abertura registados variaram entre 6 e 140 e o valor de repetibilidade foi de 0,60 com um erro padrão de 0,125.

A partir da leitura dos dados sobre os dias de abertura de 1/4Jersey× 3/4Red Sindhi em 1, 2 e 3 lactações contidas na tabela 4.14 e na figura:-4 observou-se que, independentemente da lactação, os dias de abertura variaram de (21 dias a 125 dias), no entanto, a média mais elevada de dias de abertura (89,5454 dias) foi registada na 3 lactação, seguida de 88,2727 dias e 87,4545 dias na 1 e 3 lactações, respetivamente, uma vez que a repetibilidade estimada foi (r = 0,60) juntamente com o erro padrão (0,125), o que indica uma repetibilidade moderada para os dias de abertura. Este facto pode dever-se a uma combinação genética e este animal pode (1/4Jersey× 3/4Red Sindhicrosses) um melhor desempenho reprodutivo.

4.14.1. Estimativa da repetibilidade dos dias de abertura (dias) em 1/4 J × 3/4 Red Sindhi Crosses.

N.º SI.	Animal n.º.	Dias de lactação - Aberto			Total	Nº total de lactação
		I	II	III		
1	221	81	120	70	271	3
2	500	91	62	81	234	3
3	629	98	65	112	275	3
4	674	104	118	30	252	3
5	582	68	44	108	220	3
6	210	120	119	94	333	3
7	602	115	109	107	331	3
8	256	73	55	110	238	3
9	725	125	79	61	265	3
10	584	125	124	85	334	3
11	463	36	29	38	103	3
12	776	78	72	49	199	3
13	625	95	78	117	290	3
14	819	112	62	119	293	3
15	793	41	125	122	288	3
16	685	109	101	112	322	3
17	734	85	76	49	210	3
18	720	78	95	114	287	3
19	764	106	115	113	334	3
20	270	60	45	41	146	3
21	656	121	122	122	365	3
22	728	21	109	116	246	3
Total	Média	88.2727	87.45454	89.5454	5836	66

4.14.1 Análise de variância (ANOVA) para o desempenho em Dias de Abertura de 1/4 × 3/4 Red Sindhi Crosses.

ANOVA				
Fonte de variação	**d.f**	**SS**	**MSS(G2W)**	**E(MSS)**
SS(B)	21	44453.77273	2116.84632	
SS(W)	44	36552.66667	830.7424242	
Total	65			

r = 0.60
SE = 0,1258

4.15. Repetibilidade dos dias de abertura (dias) de 3/8Jersey× 5/8Red Sindhi Crosses.

Os dados relativos aos dias de abertura (dias) dos cruzamentos 3/8Jersey× 5/8Red Sindhi para a estimativa da repetibilidade são apresentados na Tabela 4.15.1 e a análise de variância (ANOVA) é apresentada na Tabela 4.15.2:

Em geral, o número total de animais foi de 10, o total de observações foi de 30, os dias abertos registados variaram entre 39 e 126 e o valor de repetibilidade foi de 0,56 com um erro padrão de 0,22.

A partir da leitura dos dados sobre os dias de abertura de 3/8 Jersey × 5/8 Red Sindhi em 1, 2 e 3 lactações, constantes do quadro 4.15 e da figura:-4, verificou-se que, independentemente da lactação, os dias de abertura variaram entre 39 e 126 dias, mas a média mais elevada de dias de abertura (79,1 dias) foi registada na 2.a lactação, seguida de 72,5 e 67,7 dias na 1.a e 3.a lactações, respetivamente.7 dias em 1 e 3 lactações, respetivamente, uma vez que a repetibilidade estimada foi (r = 0,56) juntamente com o erro padrão (0,22), o que indica uma repetibilidade moderada para dias abertos e não foi atribuída a qualquer fonte de variações, é uma boa indicação para a seleção de (3/8 Jersey × 5/8 Red Sindhi) com melhor desempenho reprodutivo.

4.15 Estimativa da repetibilidade dos dias de abertura (dias) em 3/8 Jersey×5/8 Red Sindhi Crosses.

N.º SI.	Animal No.	Dias de lactação - Aberto			Total	Nº total de lactação
		I	II	III		
1	554	49	75	36	160	3
2	296	126	121	62	309	3
3	298	87	94	91	272	3
4	296	120	74	69	263	3
5	250	28	96	86	210	3
6	513	112	84	82	278	3
7	382	39	39	52	130	3
8	255	73	78	81	232	3
9	959	48	52	53	153	3
10	228	43	78	65	186	3
Total	Média	72.5	79.1	67.7	2193	30

4.15.1 Análise de variância (ANOVA) para o desempenho em Dias de Abertura dc 3/8 Jersey×5/8 Red Sindhi Crosses.

ANOVA				
Fonte de variação	**d.f**	**SS**	**MSS(G2W)**	**E(MSS)**
SS(B)	9	13886.20513	1542.911681	
SS(W)	20	10671.83333	666.9895833	
Total	29			

r = 0.56
SE = 0,22

4.16. Repetibilidade dos dias de abertura (dias) de 1/8Jersey× 7/8Red Sindhi Crosses.

Os dados relativos aos dias de abertura (dias) dos cruzamentos 1/8Jersey× 7/8Red Sindhi para a estimativa da repetibilidade são apresentados no quadro 4.16.1 e a análise de variância (ANOVA) é apresentada no quadro 4.16.2:

Em geral, o número total de animais foi de 19, o total de observações foi de 57, os dias de abertura registados variaram entre 19 e 137, o valor de repetibilidade foi de 0,805 com um erro padrão de 0,143.

Da leitura dos dados sobre os dias de abertura de 1/8Jersey× 7/8Red Sindhi em 1, 2 e 3 lactações contidas na tabela 4.12.1 e na figura:-4 observou-se que, independentemente da lactação, os dias de abertura variaram de (21 dias a 128 dias), no entanto, a média mais alta de dias de abertura (83,3157dias) foi registada na 1 lactação seguida de 82.210 dias e 72 dias em 2 e 3 lactações, respetivamente, uma vez que a repetibilidade estimada foi (r = 0,805) juntamente com o erro padrão (0,143), o que indica uma elevada repetibilidade para os dias de abertura e não foi atribuída a qualquer fonte de variações, é uma boa indicação para a seleção de (1/8Jersey × 7/8 Red Sindhi crosses) para um melhor desempenho produtivo.

4.16. Estimativa da repetibilidade dos Dias de Abertura (dias) em 1/8 Jersey×7/8 Red Sindhi Crosses.

N.º SI.	Animal n.º.	Dias de lactação - Aberto			Total	N.º total De Lactação
		I	II	III		
1	209	112	101	74	287	3
2	259	120	126	107	353	3
3	906	87	75	47	209	3
4	175	48	40	10	98	3
5	560	110	102	52	264	3
6	922	105	46	39	190	3
7	724	68	107	75	250	3
8	839	123	110	111	344	3
9	189	56	66	76	198	3
10	234	54	49	55	158	3
11	861	107	128	115	350	3
12	798	104	102	105	311	3
13	611	71	95	84	250	3
14	420	90	87	74	251	3
15	822	40	54	51	145	3
16	868	21	32	29	82	3
17	212	34	38	41	113	3
18	200	108	95	102	305	3
19	240	125	109	121	355	3
Total	Média	83.3157	82.2105	72	4513	57

4.16.1 Análise de variância (ANOVA) para o desempenho em dias de abertura de 1/8 Jersey×7/8 Red Sindhi Crosses.

ANOVA				
Fonte de variação	**d.f**	**SS**	**MSS(G2W)**	**E(MSS)**
SS(B)	18	40414.31293	2245.239607	
SS(W)	38	13126.66667	437.5555556	
Total	56			

r = 0.805

SE = 0,143

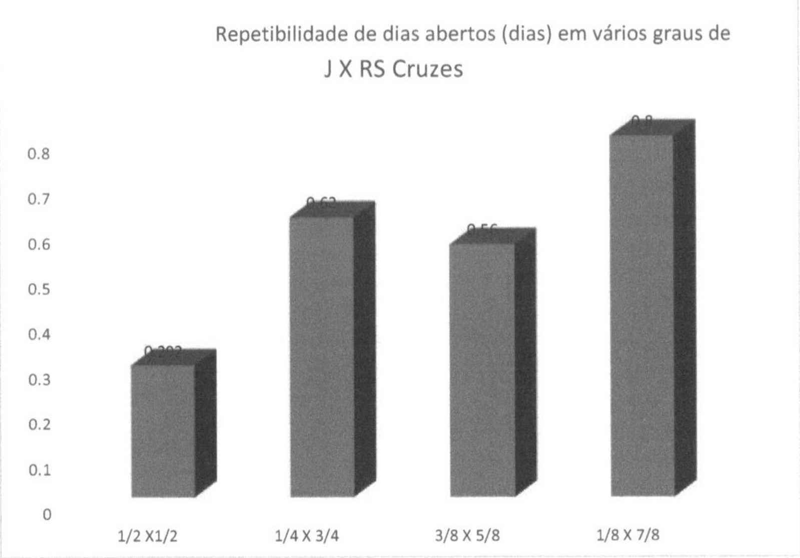

Figura: - 4 Repetibilidade dos dias de abertura (dias) em 1, 2 e 3 lactações de 1/2J ×1/2RS, 1/4J × 3/4RS, 3/8J × 5/8RS, 1/8J × 7/8RS.

Capítulo IV

RESUMO E CONCLUSÃO

A experiência intitulada "**Estimation of repeatability of reproductive traits in various grade of Jersey × Red Sindhi Crosses**" foi efectuada no departamento de criação de animais e lacticínios da Sam Higginbottom University of Agriculture, Technology and Science; Prayagraj, Utter Pradesh.

A experiência foi demonstrada no método de correlação intra-classe para determinar o coeficiente de correlação inter-classe, com oito réplicas cada para o intervalo entre partos, o período de serviço, o período seco e os dias de abertura; e cinco réplicas no caso da lactação ao longo do ano, sessenta e cinco animais como tratamentos nas caraterísticas de desempenho geral. As conclusões dos resultados e a discussão que foram expressas nos capítulos anteriores são concluídas e resumidas neste capítulo. Foram registadas observações relativamente à repetibilidade das caraterísticas reprodutivas em várias lactações; à vista disso, o intervalo entre partos (dias), o período de cobrição (dias), o período seco e os dias de abertura (dias) são considerados caraterísticas reprodutivas. Foram observadas variações significativas em vários parâmetros, que são explicadas.

Particular	Caraterísticas
1. Estimativa da repetibilidade em 1/2J × 1/2RS, 1/4J × 3/4RS, 3/8J × 5/8RS, 1/8J × 7/8RS cruzes.	1. Intervalo entre partos (dias) 2. Período de serviço (dias) 3. Período seco (dias) 4. Dias de abertura (dia)

5.1. Repetibilidade do intervalo entre partos (dias) de 1/2Jersey × 1/2Red Sindhi Crosses.

Em geral, o número total de animais foi de 15 e o total de observações foi de 45. Independentemente das lactações, o intervalo entre partos variou entre (345 dias e 448 dias), no entanto, o maior intervalo médio entre partos (404,8 dias) foi registado na 1st lactação, seguido de 399,066 dias e 398,02 dias na 2 e 3 lactações, respetivamente, uma vez que a repetibilidade estimada foi (r = 0,67) juntamente com o erro padrão (0,175).

5.2. Repetibilidade do intervalo entre partos (dias) de 1/4Jersey × 3/4Red Sindhi Crosses.

Em geral, o número total de animais foi de 22 e o total de observações foi de 66. Independentemente da lactação, o intervalo entre partos variou entre 351 e 450 dias. No entanto, o intervalo entre partos médio mais elevado (403,90 dias) foi registado na 1st lactação, seguido de 399,59 dias e 399,405 dias nas 2 e 3 lactações, respetivamente, uma vez que a repetibilidade estimada foi de (r = 0,504), juntamente com o erro padrão (0,122).

5.3. Repetibilidade do intervalo entre partos (dias) de 3/8Jersey × 5/8Red Sindhi Crosses.

Em geral, o número total de animais foi de 10 e o total de observações foi de 30. Independentemente da lactação, o intervalo de partos variou entre 344 e 449 dias, mas o intervalo médio de partos mais elevado (400,6 dias) foi registado na 2.ª lactação, seguido de 389,7 e 387,3 dias na 1.ª e 3.ª lactações, respetivamente, uma vez que a repetibilidade estimada foi de (r = 0,69), juntamente com o erro padrão (0,17).

5.4Repetibilidade do intervalo entre partos (dias) de 1/8Jersey× 7/8Red Sindhi Crosses.

Em geral, o número total de animais foi de 19 e o total de observações foi de 57. Independentemente da lactação, o intervalo entre partos variou entre 345 e 450 dias. No entanto, o intervalo entre partos médio mais elevado (398,21 dias) foi registado na 1st lactação, seguido de 394,47 dias e 387,78 dias nas 2 e 3 lactações, respetivamente, uma vez que a repetibilidade estimada foi de (r = 0,55), juntamente com o erro padrão (0,164).

5.5. Repetibilidade do período de serviço (dias) de 1/2Jersey× 1/2Red Sindhi Crosses.

Em geral, o número total de animais foi de 15 e o total de observações foi de 45. Independentemente da lactação, o período de serviço variou entre 24 e 127 dias. No entanto, o período de serviço médio mais elevado (104,73 dias) foi registado na primeira lactação, seguido de 103,33 dias e 94,46 dias nas duas e três lactações, respetivamente, uma vez que a repetibilidade estimada foi de (r = 0,224), juntamente com o erro padrão (0,175).

5.6. Repetibilidade do período de serviço (dias) de 1/4Jersey× 3/4Red Sindhi Crosses.

Em geral, o número total de animais foi de 22 e o total de observações foi de 66. Independentemente da lactação, o período de serviço variou entre 48 e 126 dias. No entanto, o período de serviço médio mais elevado (102,45 dias) foi registado na primeira lactação, seguido de 99,13 dias e 99,00 dias na segunda e terceira lactações, respetivamente, uma vez que a repetibilidade estimada foi de (r = 0,167), juntamente com o erro padrão (0,11).

5.7. Repetibilidade do período de serviço (dias) das cruzes 3/8Jersey× 5/8Red Sindhi Crosses.

Em geral, o número total de animais foi de 10 e o número total de observações foi de 30. Independentemente da lactação, o período de serviço variou entre 60 e 129 dias, mas o período de serviço médio mais elevado (103,7 dias) foi registado na 2.ª lactação, seguido de 91,9 dias e 57,9 dias na 1.ª e 3.ª lactações, respetivamente, uma vez que a repetibilidade estimada foi de (r = 0,35), juntamente com o erro padrão (0,33).

5.8Repetibilidade do período de serviço (dias) de cruzamentos 1/8J × 7/8RS Cruzes.

Em geral, o número total de animais foi de 19 e o total de observações foi de 57. Independentemente da lactação, o período de serviço variou entre 24 e 129 dias. No entanto, o período de serviço médio mais elevado (118,36 dias) foi registado na 2.ª lactação, seguido de 110,15 dias e 78,73 dias na 1.ª e 3.ª lactações, respetivamente, uma vez que a repetibilidade estimada foi de (r = 0,19), juntamente com o erro padrão (0,13).

5.9Repetibilidade do período seco (dias) de 1/2Jersey×1/2Red Sindhi Crosses.

Em geral, o número total de animais foi de 15 e o total de observações foi de 45. Independentemente da lactação, o período seco variou entre 33 e 107 dias. No entanto, o período seco médio mais elevado (61,73 dias) foi registado na segunda lactação, seguido de 56,46 e 55,26 dias nas três e na primeira lactação, respetivamente, uma vez que a repetibilidade estimada foi de (r = 0,30), juntamente com o erro padrão (0,175).

5.10. Repetibilidade do período seco (dias) de 1/4Jersey× 3/4Red Sindhi Crosses.

Em geral, o número total de animais foi de 22 e o total de observações foi de 66. Independentemente da lactação, o período seco variou entre (24 dias e 97 dias), no entanto, o período seco médio mais elevado (65,63 dias) foi registado na 1.ª lactação, seguido de 65,54 dias e 61,72 dias na 1.ª e 2.ª lactações, respetivamente, uma vez que a repetibilidade estimada foi (r = 0,37) juntamente com o erro padrão (0,099).

5.11. Repetibilidade do período seco (dias) de 3/8Jersey× 5/8Red Sindhi Crosses.

Em geral, o número total de animais foi de 10 e o total de observações foi de 30. Independentemente da lactação, o período seco variou entre 24 e 91 dias. No entanto, o período seco médio mais elevado (48,1 dias) foi registado na primeira lactação, seguido de 40,4 dias e 33,9 dias nas duas e três lactações, respetivamente, uma vez que a repetibilidade estimada foi de (r = 0,14), juntamente com o erro padrão (0,36).

5.12. Repetibilidade do período seco (dias) de 1/8Jersey× 7/8Red Sindhi Crosses.

Em geral, o número total de animais foi de 19 e o total de observações foi de 57. Independentemente da lactação, o período seco variou entre 24 e 94 dias. No entanto, o período seco médio mais elevado (57,94 dias) foi registado na 1ª lactação, seguido de 49 e 41,52 dias nas 2ª e 3ª lactações, respetivamente, uma vez que a repetibilidade estimada foi de (r = 0,10), juntamente com o erro padrão (0,079).

5.13. Repetibilidade dos dias de abertura (dias) de 1/2Jersey× 1/2Red Sindhi Crosses.

Em geral, o número total de animais foi de 15 e o número total de observações foi de 45. Independentemente da lactação, os dias de abertura variaram entre (21 dias e 131 dias), mas a média mais elevada de dias de abertura (92,13 dias) foi registada na 1 lactação, seguida de 89 dias e 84 dias nas 2 e 3 lactações, respetivamente, uma vez que a repetibilidade estimada foi (r = 0,29), juntamente com o erro padrão (0,16).

5.14. Repetibilidade dos dias de abertura (dias) de 1/4Jersey× 3/4Red Sindhi Crosses.

Em geral, o número total de animais foi de 22 e o total de observações foi de 66. Independentemente da lactação, os dias de abertura variaram entre 24 e 128 dias. No entanto, a média mais elevada de dias de abertura (93,86 dias) foi registada na primeira lactação, seguida de 89 e 84 dias nas duas e três lactações, respetivamente, uma vez que a repetibilidade estimada foi de (r = 0,60), juntamente com o erro padrão (0,125).

5.15. Repetibilidade dos dias-período (dias) de 3/8Jersey× 5/8Red Sindhi Crosses.

Em geral, o número total de animais foi de 10 e o total de observações foi de 30. Independentemente da lactação, o período seco variou entre 39 e 128 dias. No entanto, a média mais elevada de dias-período (83,08 dias) foi registada na segunda lactação, seguida de 72,5 dias e 39,2 dias na terceira e primeira lactações, respetivamente, uma vez que a repetibilidade estimada foi de (r = 0,56), juntamente com o erro padrão (0,22).

5.16. Repetibilidade dos dias de abertura (dias) de 1/8Jersey× 7/8Red Sindhi Crosses.

Em geral, o número total de animais foi de 19 e o total de observações foi de 57. Independentemente da lactação, os dias de abertura variaram entre 24 e 128 dias. No entanto, a média mais elevada de dias de abertura (84,47 dias) foi registada na primeira lactação, seguida de 76,94 e 55,26 dias nas duas e três lactações, respetivamente, uma vez que a repetibilidade estimada foi de (r = 0,80), juntamente com o erro padrão (0,143).

Tabela.6.1 Desempenho de repetibilidade com erro padrão em várias caraterísticas no intervalo entre partos.

N.º SI.	Caraterísticas	Repetibilidade	Erro padrão (SE)	Nível de Significativo
1	Intervalo entre partos 1/2 Jersey × 1/2 Red Sindhi Crosses.	0.67	0.17	N S
2	Intervalo entre partos 1/4 Jersey × 3/4 Cruzado Sindi Vermelho.	0.50	0.12	H S

3	Intervalo entre partos 3/8 Jersey × 5/8 Red Sindhi Crosses.	0.69	0.71	N S
4	Intervalo entre partos 1/8 Jersey ×7/8 Red Sindhi Crosses.	0.55	0.16	N S

H S- Altamente significativo

N S- Não significativo

Tabela.6.2 Desempenho da repetibilidade com erro padrão em vários traços no período de serviço.

N.º SI.	Caraterísticas	Repetibilidade	Erro padrão (SE)	Nível de Significativo
1	Período de serviço 1/2 Jersey × 1/2 Cruz vermelha Sindi.	0.22	0.17	N S
2	Período de serviço 1/4 Jersey × 3/4 Cruzes Sindi vermelhas.	0.167	0.11	N S
3	Período de serviço 3/8 Jersey × 5/8 Cruzes Sindi vermelhas.	0.35	0.33	N S
4	Período de serviço 1/8 Jersey × 7/8 Cruzes Sindi vermelhas.	0.19	0.13	N S

N S- Não significativo

Tabela.6.3 Desempenho da repetibilidade com erro padrão em vários traços no período seco.

N.º SI.	Caraterísticas	Repetibilidade	Erro padrão (SE)	Nível de Significativo
1	Período seco 1/2 Jersey × 1/2 Cruzes Sindi vermelhas.	0.30	0.17	N S
2	Período seco 1/4 Jersey × 3/4 Cruzes Sindi vermelhas.	0.37	0.09	N S
3	Período seco 3/8 Jersey × 5/8 Cruzes Sindi vermelhas.	0.14	0.36	N S
4	Período seco 1/8 Jersey × 7/8 Cruzes Sindi vermelhas.	0.10	0.079	N S

NS- Não significativo

Tabela.6.4 Desempenho da repetibilidade com erro padrão em vários traços em Days-Open.

N.º SI.	Caraterísticas	Repetibilidade	Erro padrão (SE)	Nível de Significativo
1	Dias-Abertos 1/2 Jersey × 1/2 Cruzes Sindi vermelhas.	0.29	0.16	N S
2	Dias-Abertos 1/4 Jersey × 3/4 Cruzes Sindi vermelhas.	0.60	0.12	HS
3	Dias-Abertos 3/8 Jersey × 5/8 Cruzes Sindi vermelhas.	0.56	0.22	HS
4	Dias-Abertos 1/8 Jersey × 7/8 Cruzes Sindi vermelhas.	0.80	0.14	HS

N S- Não significativo

H S- Altamente significativo

Resumo geral da repetibilidade da reprodução em vários graus de cruzamentos de in Jersey × cruzamentos de Red Sindhi.

Cruzes	Intervalo entre partos	Período de serviço	Período seco	Dias-Abertos
1/2J×1/2RS	0.67	0.22	0.30	0.29
1/4J×3/4RS	0.50	0.16	**0.37**	0.60
3/8J×5/8RS	**0.69**	**0.35**	0.14	0.56
1/8J×7/8RS	0.55	0.19	0.10	**0.80**

CONCLUSÃO

O coeficiente de repetibilidade para todas as caraterísticas foi analisado e concluiu-se que as caraterísticas com repetibilidade ligeira a moderada tiveram um melhor desempenho na perspetiva da reprodução. A repetibilidade moderada para o intervalo entre partos foi registada em cruzamentos 3/8 Jersey× 5/8 Red Sindhi, para Dias de Abertura em 1/8 Jersey× 7/8 Red Sindhi foi registada como altamente significativa, para baixa repetibilidade o período de serviço em 1/2 Jersey× 1/2 Red Sindhi e para o período seco em 3/8 Jersey× 5/8 Red Sindhi. Para o ponto de desempenho reprodutivo 1/4 Jersey × 3/4 Red Sindhi foram considerados os melhores em comparação com todos os cruzamentos.

Capítulo V: BIBLIOGRAFIA

Akhtar, M., Javed, K., Jarral, Z.A. e Khan, S.A. (2008) Environmental factors affecting performance traits of crossbred and local dairy cows at Mirpur Azad Jammu and Kashmir. Pak. J. Agric. Res., 45(2): 362-371.

Relatório anual. Estatísticas básicas da criação de animais. Nova Deli, Índia: Departamento de criação de animais, lacticínios e pescas, Ministério da Agricultura, Governo da Índia; 2012. pp. 52-53. [Google Scholar]

Bajetha Garima, Singh CV (2015). Eficiência de diferentes métodos de avaliação de touros para melhorar as caraterísticas de produção ao longo da vida em bovinos cruzados. Livestock Research International. 2015; 3(3):64-70.

Bajetha, G. e Singh, C.V. (2011) Estimativas dos parâmetros genéticos e fenotípicos da primeira lactação e das caraterísticas de desempenho ao longo da vida em bovinos de raça cruzada. Indian J. Dairy Sci., 64(6): 494-500.

Banda, J.W. (1996) Avaliação do desempenho produtivo e reprodutivo do gado cruzado Frísio x Zebu e Jersey x Zebu na quinta do Bunda College no Malawi. Malawi J. Sci. Technol., 3: 25-35.

Barwal RS. Sire Evaluation on The Basis of First Lactation Traits Using Best Linear Unbiased Prediction (BLUP) Method in Sahiwal and Crossbred Cattle. Livestock Research International. 2015; 3(4):85-88.

Bhuiyan, A.K.F. e Sultana, R. 1994. Análise do desempenho de raças bovinas exóticas e seus cruzamentos no Bangladesh. Actas do 5º Congresso Mundial de Genética Aplicada à Produção Animal, 20:355-358.

Cavani, H.T., Millen, D.D. and Fonseca, R. (2015) Estimativas de parâmetros genéticos para caraterísticas reprodutivas em bovinos da raça Brahman. J. Anim. Sci., 93: 3287-3291.

Chaudhry, M.Z. e Ahmad, M. 1994. Performance of crossbred and Sahiwal cows under optimum feeding and management conditions. Pakistan Veterinary Journal, 14

(3):155-159.

Choudhury, G. Banerjee, G C e Guha, H. 1984. Estudos sobre as caraterísticas de eficiência reprodutiva e alguns dos factores que as afectam nas vacas do tipo Haryana. Indian Veterinary Journal 61: 585-590.

Demeke S, Neser F. W. C, Schoeman S. J. Estimativas de parâmetros genéticos para Boran, Friesian e cruzamentos de Friesian e Jersey com o gado Boran nas terras altas tropicais da Etiópia: Reproduction traits. J. Anim. Breed. Genet. 2004; 121:57-65. [Google Scholar].

Demeke, S., Neser, F.W.C. and Schoeman, S.J. (2004) Estimativas de parâmetros genéticos para Boran, Friesian e cruzamentos de Friesian e Jersey com o gado Boran nas terras altas tropicais da Etiópia: Traços de reprodução. J. Anim. Breed. Genet. 121: 57-65

Dhara K. C, Ray N. e Sinha R. (2006). Factores que afectam a produção de gado leiteiro cruzado F1 em Bengala Ocidental. LivestockResearch for Rural Development. 18 (4). Artigo# 51. http://www.lrrd.org/lrrd18/4/dhar18051.htm. ISSN 0121-3784.

Diretório de touros Frieswal (2011). Direção do Projeto de Gado, Meerut (UP).

DLS (2017). Departamento de Serviços Pecuários. GOB, Daca, Bangladesh.

Doiphode, A., Ravi, P. e Das, D. (2008). Crossbreeding of Cows in India: Past, Present and Future Strategies (Estratégias passadas, presentes e futuras). The Indian Cow. The Indian Cow. The scientific and Economic Journal.Vol:5(16):39-43.

Dubey P. P, Singh C. V. Estimates of genetic and phenotypic parameters considering first lactation performance traits in Sahiwal cattle and crossbred cattle. Indian J. Anim. Sci. 2005; 75(11):1289-1294. [Google Scholar].

Dubey, P.P. and Singh, C.V. (2005) Estimates of genetic and phenotypic parameters considering first lactation performance traits in Sahiwal cattle and crossbred cattle. Indian J. Anim. Sci., 75(11): 1289-1294.

Inquérito Económico (2014-15.) Volume (II). Governo da Índia, Ministério das Finanças, Departamento de Assuntos Económicos, Divisão Económica. Índia.

FAO. (Organização das Nações Unidas para a Alimentação e a Agricultura) 2008. Production Year Book. Roma, Itália. Hafez, E.S.E. 1987. Reproduction in Farm Animals. Lea and Fibiger, U.S.A. 5th Ed.

Garcia D. A, Millen D. D, Fonseca R. Estimativas de parâmetros genéticos para caraterísticas reprodutivas em bovinos da raça Brahman. J. Anim. Sci. 2015:3287-3291. [PubMed] [Google Scholar]

Hadge M. R, Kuralkar S. V, Ali S. Z, Kharkar K. P, Sawaimul A. D. Genetic studies on productive traits of Sahiwal and Sahiwal x Jersey crossbred cows. Indian J. Anim. Res. 2012; 46(1):92-94. [Google Acadêmico].

Hadge, M.R., Kuralkar, S.V., Ali, S.Z., Kharkar, K.P. e Sawaimul, A.D. (2012) Estudos genéticos sobre caraterísticas produtivas de vacas cruzadas Sahiwal e Sahiwal x Jersey. Indian J. Anim. Res., 46(1): 92-94.

Hafez, E.S.E. 1987. Reproduction in Farm Animals. Lea and Fibiger, U.S.A. 5th Ed.

Haider I, Zaman M, Farooq M. A, Karamshak S. Productive and reproductive performance of crossbred cows under sub-tropical environmental conditions of the Punjab. Pak. J. Agric. Res. 1984; 5(3):190-197. [Google Scholar].

Haque M. N, Haque M. R, Parvin A, Hussain M. M. Productive and reproductive performance of different crossbred cattle at Sylhet Govt. Dairy Farm. Prog. Agric. 2011; 22(1 & 2):47-54. [Google Scholar]

Harvey, W.R. 1990. Mixed Model Least-squares and maximum likelihood computer programme, PS-2 version, Mimeograph Ohio State University, Ohio, USA.

Hoque, M.A., Amin, M.R. e Hussen, M.S. 1999. Potencial leiteiro de vacas Patina e cruzamentos com Sahiwal e Friesian e efeitos de reprodutores dentro e entre raças. Asiático

Hussain J, Roychoudhury R, Das G. C, Mili D. C, Goswami R. N. Reproductive performance of dairy cows under field condition of Assam state. Indian J. Anim. Res. 2012; 46(2):180-183. [Google Scholar].

Hussain, J., Roychoudhury, R., Das, G.C., Mili, D.C. e Goswami, R.N. (2012) Reproductive performance of dairy cows under field condition of Assam state. Indian J. Anim. Res., 46(2): 180-183.

Islam M.J.U., Shamsuddin, M. Bhuiyan, M.M.U. e Rahman, M. A. 1997. Individual cow as determinant of the fertility and productivity in mini dairy farms. Bangladesh Veterinary Journal, 3 (34): 91-98.

Jabbar, M.A. e Ali, S.Z.1988. The limitations of crossbreeding for improvement of cattle in Bangladesh. Oxford Agrarian Studies. Vol. 19.

Javed K, Jarral Z. A, Khan S. A. Environmental factors affecting performance traits of crossbred and local dairy cows at Mirpur Azad Jammu and Kashmir. Pak. J. Agric. Res. 2008; 45(2):362-371. [Google Scholar].

Kabir F., Islam M.R. Comparative study on productive and reproductive performance of local and different crossbred dairy cows at Daulatpur, Khulna in Bangladesh. Bangladesh Res. Publ. J. 2009; 3(2):909-914. [Google Scholar].

Khan U. N, Benyshek L. L, Ahmad M. D. Estimativas de repetibilidade e hereditariedade para caraterísticas económicas de bovinos leiteiros nativos e cruzados com Jersey. Pak. J. Agric. Res. 1988; 9(4):575-579. [Google Scholar].

Khan, U.N., Benyshek, L.L. and Ahmad, M.D. (1988) Repeatability and heritability estimates for economic traits of native and Jersey crossbred dairy cattle. Pak. J. Agric. Res., 9(4): 575-579.

Kumar D.K., Reddy C.E., Gupta B.R., Satyanarayana A. Effect of year, season and lactation order on the performance of Angola cattle. Indian J. Anim. Sci. 2003; 73(11):1289-1290. [Google Scholar].

Kumar J, Singh Y. P, Kumar S, Singh R, Kumar R, Kumar P. Genetic analysis of reproductive performance of Frieswal cattle at Military farm, Ambala. Vet. World. 2015:1032-1037. [PMC free article] [PubMed] [Google Scholar]

Kumar, J., Singh, Y.P., Kumar, S., Singh, R., Kumar, R e Kumar, P. (2015) Análise genética do desempenho reprodutivo do gado Frieswal na quinta militar, Ambala. Vet. World, 8: 1032-1037.

Recenseamento Pecuário. Salient Features of 19th Livestock Census. Ministério da Agricultura, Departamento de Pecuária, Lacticínios e Pescas, Krishi Bhawan. Nova Deli, Índia: 2012. [Google Scholar].

Maurya P. R, Saraswat B. L. Performance of Jersey x Gangatiri crossbred cows over different lactation. J. Agric. Res. 2008; 8(2):37-39. [Google Scholar].

Maurya, P.R. and Saraswat, B.L. (2008) Performance of Jersey x Gangatiri crossbred cows over different lactation. J. Agric. Res., 8(2): 37-39.

Mondal S. C, Alam M. M, Rashid M. M, Ali M. Y, Hossai M. M. Estudo comparativo dos diferentes genótipos de produtos lácteos criados na Bangladesh Agricultural University Dairy. Farm. Pak. J. Nutr. 2005; 4(4):222-225. [Google Scholar].

Mondal, S.C., Alam, M.M., Rashid, M.M., Ali, M.Y. e Hossai, M.M. (2005) Comparative study on the different dairy genotypes reared in Bangladesh Agricultural University Dairy Farm. Pak. J. Nutr., 4(4): 222-225.

Oyama, K., F. Mukai e T. Yoshimura. 1996. Relações genéticas entre caraterísticas registadas no julgamento do registo, caraterísticas reprodutivas de fêmeas reprodutoras e caraterísticas de carcaça de animais de engorda no gado preto japonês. Anim. Sci. Technol. (Jpn.) 67:511-518.

Perez-Enciso, M., I. Misztal e M. A. Elzo. 1994. FSPAK: Uma interface para subrotinas de matrizes esparsas de domínio público. Proc. 5th World Cong. Genet. Appl. Livest. Prod. 22:87-88.

Ponzoni, R. W. e D. R. Gifford. 1994. Variáveis reprodutivas e algumas variáveis peri-natais em um rebanho de gado de corte de raça mista. J. Anim. Breed. Genet. 111:52-64.

R.A.Fisher 1921 a estimativa da repetibilidade foi efectuada pelo método de correlação intra-classe o erro padrão da repetibilidade foi calculado de acordo com Swiger et al., (1964).

Rahumathulla P. S, Natarajan N, Edwin M. J, Sivaselvam S. N, Subramanian A, Khan M. M. H. Estudos sobre as caraterísticas da primeira lactação em vacas Jersey x Tharparker. Cheiron. 1994; 23(1):1-8. [Google Scholar].

Rahumathulla, P.S., Natarajan, N., Edwin, M.J., Sivaselvam, S.N., Subramanian, A. e Khan, M.M.H. (1994) Studies on first lactation traits in Jersey x Tharparker cows. Cheiron, 23(1): 1-8.

Saha. Tese de Mestrado. Karnal, Haryana, Índia: NDRI Deemed University; 2010. Avaliação genética de gerações de gado Karan Swiss e Karan Fries. [Google Scholar].

Senath, G. K.; Kober, A. K. M. H.; Chanda, T. e Barious, A. 2014. Estudo comparativo sobre a qualidade do leite fluido de marca e sem marca disponível consumido pelas pessoas da cidade de Chittagong, no Bangladesh. Revista Internacional de Ciências Naturais, 4(1): 16-20.

Singh P. K, Kumar D, Varma S. K. Estudos genéticos e desenvolvimento de equações de previsão em meios-sangues Jersey x Sahiwal e Holstein-Friesian. Asian Aust. J. Anim. Sci. 2004; 18(2):179-184. [Google Scholar].

Singh Y. Tese de Mestrado (Ag.). Meerut (Índia): Sardar Vallabhbhai Patel University of Agricultural &Technology, Modipuram; 2012. Estudos sobre o desempenho produtivo e reprodutivo do gado Frieswal. [Google Acadêmico].

Singh, P.K., Kumar, D. e Varma, S.K. (2004) Estudos genéticos e desenvolvimento de equações de previsão nas meias-raças Jersey x Sahiwal e Holstein-Frísia. Asian Aust. J. Anim. Sci., 18(2): 179-184.

Subramanian A, Ulaganathan V. Effect of parity and environment on milk yield in crossbred cows. Cheiron. 1990; 19(4):153-155. [Google Scholar].

Subramanian, A. e Ulaganathan, V. (1990) Effect of parity and environment on milk yield in crossbred cows. Cheiron, 19(4): 153-155.

Tomar et al. (1996), em HFxS e por Singh et al. (1988) no cruzamento JxS. Despande e Bonde (1983) concordaram com a hereditariedade observada no presente estudo para MY/DCI no cruzamento Jersey Sahiwal. A hereditariedade para HLMY em mestiços JxS e HFxS foi observada quase similar (0.16±0.01 e 0.14±0.14), respetivamente.

Tomar, S.S. (2009). Textbook of Animal Breeding. Kalyani Publishers, Nova Deli.

Varaprasad A. R, Raghunandan T, Kumar M. K, Prakash M. G. Studies on the reproductive performance of Jersey x Sahiwal cows in Chittoor district of Andhra Pradesh. Int. J. Agric. Sci. Vet. Med. 2013; 1(1):52-57. [Google Scholar]

Varaprasad, A.R., Raghunandan, T., Kumar, M.K. e Prakash, M.G. (2013) Estudos sobre o desempenho reprodutivo de vacas Jersey x Sahiwal no distrito de Chittoor de Andhra Pradesh. Int. J. Agric. Sci. Vet. Med., 1(1): 52-57.

MIX
Papier aus verantwortungsvollen Quellen
Paper from responsible sources
FSC® C105338

Printed by Books on Demand GmbH, Norderstedt / Germany